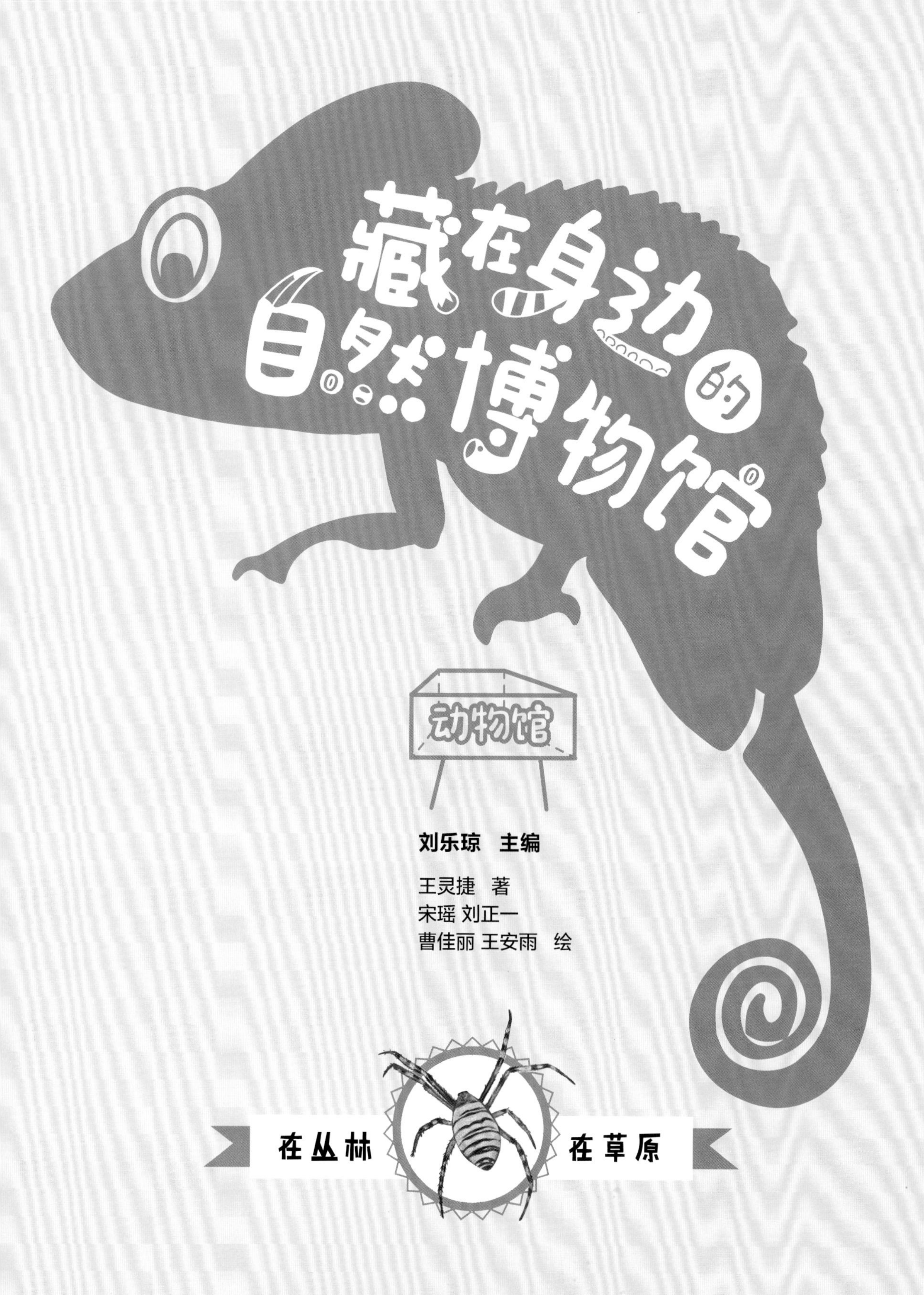

藏在身边的自然博物馆

动物馆

刘乐琼　主编

王灵捷　著

宋瑶 刘正一

曹佳丽 王安雨　绘

在丛林　在草原

童趣出版有限公司编　　人民邮电出版社出版

北　　京

序言

中国科学院院士致小读者

在人们的生活中，几乎到处都能见到动物，无论是常见的鸡、鸭、鹅、猫、狗、羊、猪，还是小到会被我们忽略的蚊、蝇，它们都与人类密切相关，有的是人类的朋友，有的则是人类的敌人。许多人喜欢动物，尤其是孩子们更喜欢看动物，跟动物玩耍，和动物交朋友。然而，人们对这些动物的生活习性、生活环境、个体特征并不很了解，该保护的不知怎么保护，该躲避的不知如何去躲避……

由教育工作者和科学工作者共同合作完成的《藏在身边的自然博物馆·动物馆》这套书，以优美逼真的图画和生动童趣的语言，详细描绘了森林、草原、沙漠、极地等不同环境条件下的各种动物，有天空飞的，地上跑的，水里游的……为孩子们展现了丰富多彩的动物世界，犹如身边的动物园，使孩子们不出家门就能看到动物，了解动物与生态环境的关系， 动物与人类的关系，为孩子们打开一扇走近动物世界、爱上大自然的门窗。

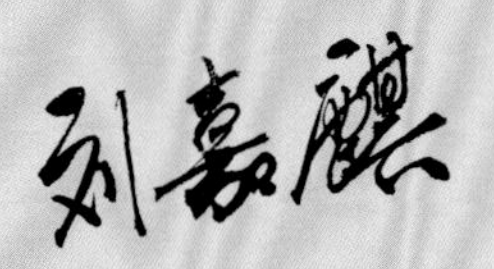

主编的话

孩子王献给孩子们的礼物

我是一名幼儿教育工作者，15年前自北京师范大学学前教育系毕业后，就来到中国科学院幼儿园工作，成为了一名名副其实的“孩子王”。和孩子们待久了，会被他们眼中的光和心中的爱所感染，他们成为了我的老师。

他们是一群对世界充满了热烈的爱的人。目光所及，都是因爱而生的热烈拥抱，不论是一个同伴、一只小动物、一棵大树、一池沙子还是一汪泥潭，孩子们最喜欢做的就是毫不掩饰自己的喜爱，奔向他们，拉住他、摸摸它、抱抱它、捧起它、踩踩它。

他们是至真的，用真实的想法、真实的行动、真实的情感，去探索、发现这个世界的真相。他们是至善的，万物没有高低贵贱，在他们那里一概得到公平的拥抱。他们是至美的，艺术在他们那里是有一百种的，树叶沙沙、鸟鸣啾啾即是音乐，光影炫动、花红柳绿即是美术，心随我动即是舞蹈，每个符号都是创造，每个经过孩子手的物件都是新派艺术。

大自然就是孩子们最好的课堂，他们愿意去和植物、动物亲近，这仿佛是一种天然的联系。就像这套书里所描绘的，斗蛐蛐儿、观察乌龟、和小鸟为伴、抓蚯蚓、用树枝逗一逗西瓜虫，和大自然为伴，他们就好像拥有了幸福快乐的超能力。

和孩子们一起，看着他们，听着他们，读懂他们，理解他们，进而向他们学习，是难得的幸福，这就是做孩子王的快乐。

受益于孩子，总想把“最好的献给孩子”。

对儿童来说，什么是最好的呢？我一直告诫自己，不能用成人的视角替孩子说话，妄下结论。作为孩子王的我，比常人有更多向孩子们请教的机会，我时常用眼神、语言、动作去追寻孩子们的期望，得出了三点启示。

一是用孩子懂的方式呈现在孩子们面前的，往往是孩子们眼中的“好”。

二是用同伴式而非教师爷的方式来到孩子身边的，也能得孩子们的欢心。

最后一条，假如你是充满爱意的，孩子们总能感受到，而且也愿意热烈地回应你。

这是我做孩子王的心得，不论是做老师还是做父母的你，都可以试试。此次受邀组织编写一套写给孩子们的科普书，我也践行以上三点体会。

要让孩子读得懂，就得从孩子们身边抓取信息，比如狗是人类的好朋友，它们是怎样和我们互助的？猫咪的眼睛颜色为什么那么奇怪？瓢虫身上究竟有几个点点？喜鹊和乌鸦是亲戚吗？金鱼的腮帮子一闭一合，是在玩什么呢？

同伴式的呈现，不是急于告诉孩子们什么，而是用同伴的指引，共同去发现书中的秘密，通过一些引导式的精巧设计，仿佛给孩子找了一个好朋友，共读、共研、共学、共成长。就像书里特意绘制的孩子玩耍的场景，会自然而然把孩子带入进来。

而爱意就在那些精美的读给孩子听的文字里，在那些经过了无数次打磨的优美的线条、多姿的色彩和无数的细节刻画里。

孩子们，我把这套书献给你们！

刘乐琼

中国科学院幼儿园

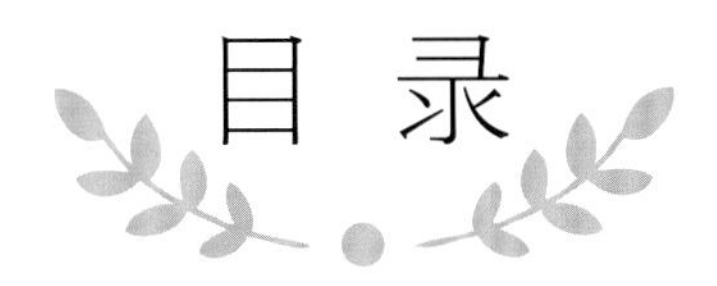

目 录

穿越森林 跨过草原

植被丰茂的地方，是动物们心驰神往的家园，森林和草原就是最好的例子。在这里安家的动物们，有的体形巨大，却只吃素；有的身材玲珑，却只食肉。有的拥有尖牙利爪，有的体内含有致命毒液……让我们去往地球上生物种类最多样的那些地方，看看那里的动物们又有什么特殊的本领吧。

穿梭在多彩森林

说起森林，人们最先想到的也许是“探险”。似乎在这里穿行时，每走几步都能遇见一种说不出名字的草木和一闪而过的神秘身影。丰富的自然资源吸引着探险者、科学家和旅行者们，也吸引着不同的动物们。不过，这里的动物们都很擅长隐藏在环境里，我们必须先了解它们的特点，才能更快地发现它们哟。

你找到了哪些动物？

人见人爱的大熊猫

大熊猫，脊索动物门，哺乳纲，食肉目，熊科

大熊猫生活的地方，遍布着一种能带来清凉感觉的植物，那就是竹子。它们栖息的竹林通常位于海拔 3000 米左右的山区。要知道，大熊猫的食谱上几乎全是各种竹子，这座天然家园就像一个巨型餐厅一样。不过大熊猫的祖先可不是以竹子为食的，而是一种完全的肉食猎手。在进化的过程中，大熊猫们适应了环境的改变，选择了竞争对手较少的食物，成为了食肉目中的特殊食客。

尽管大熊猫看起来憨态可掬，饲养员却需要格外小心。它们口中的尖牙、厚实的手掌、锋利的爪子和健壮的体格，都在提醒着人们：它们曾经是十足的猛兽！

你知道吗

为了保护我国特有的大熊猫种群，繁殖基地的工作人员们为大熊猫的繁育和野化放归付出着努力，相信有一天野外的大熊猫会越来越多。

熊猫为什么有“黑眼圈”？

大熊猫眼睛周围的毛发呈黑色。如果去掉这一圈黑毛，你会发现它们的眼睛其实很小。黑色的眼圈有助于吸收光线，减少强光对眼睛的刺激。

大熊猫成长日记

刚出生的熊猫幼崽粉嫩嫩的，像小老鼠那么大。经过熊猫妈妈 8~9 个月的喂养，幼崽才能断奶，基本独立。

金丝猴，鼻朝天

川金丝猴，脊索动物门，哺乳纲，灵长目，猴科

如果让大家投票选出世界上最漂亮的猴子，相信许多人都会投给川金丝猴。蓝白色的脸，金灿灿的毛发和翘起的朝天鼻，呆萌的川金丝猴到哪里都自带主角光环。川金丝猴是我国特有的珍稀动物，集群生活在中高海拔的森林中，以植物为食。大多数猴子长有颊囊，能够临时储存食物，以便转移阵地后再慢慢享用。因此，我们时常能见到猴子两腮鼓鼓的可爱模样。不过川金丝猴没有颊囊，从不“外带”哟。

川金丝猴的鼻子不仅朝向上方，
鼻孔也特别大，
这样，它们能吸入更多的氧气，
以应对高海拔的缺氧环境。

金色“披风”作用大

成年的雄性金丝猴长着漂亮的背毛，长度可以达到23厘米，就像一件威风凛凛的披风。但在金丝猴刚出生的时候，身体上的短绒毛却是黑色的。不出一个月，它们的毛色就泛出淡淡的金黄了。厚实的毛发可以帮助金丝猴们抵御高山的严寒。

金丝猴都长“金丝”吗？

金丝猴家族中除了川金丝猴，还有头顶一撮卷毛的缅甸金丝猴、栖息在高山上的滇金丝猴和拥有粉色嘟嘟唇的越南金丝猴等。

彩色的屁股

山魈，脊索动物门，哺乳纲，灵长目，猴科

山魈身上有两块色彩艳丽的区域，分别在脸部和臀部。远远望去，你也许会疑惑自己见到的到底是它的头还是屁股。虽然山魈在我国没有分布，但它却长着一张“京剧脸”。雄性山魈的鼻子两侧呈蓝色，带有褶皱，整张脸看起来就像京剧脸谱。而雌性山魈的鼻子两侧则比较暗淡。它们的臀部色彩和脸部呼应，呈现蓝紫色和红色，其实那是它们屁股上毛细血管呈现的颜色哟。

对于雄性山魈来说，拥有更美的屁股是吸引雌性的重要条件哟。

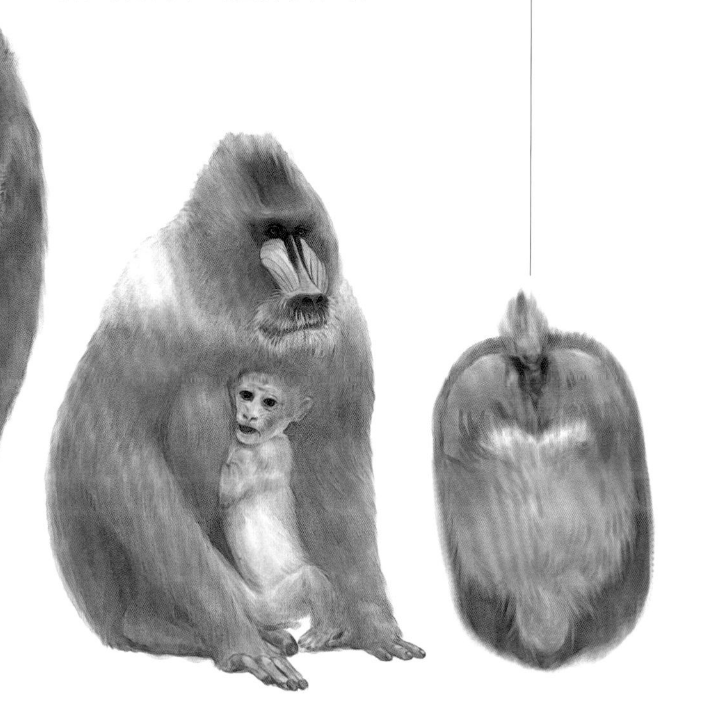

山魈还是狒狒？

狒狒和山魈长得很像，它们都具有很长的吻部，但狒狒并没有山魈那样的鲜艳色彩。还有一个能够快速区分它们的窍门是：看一看它们的尾巴！山魈的尾巴非常短，行动时常常竖立起来，而狒狒的尾巴细长，行走时垂在身后。

领袖之争

灵长目动物中许多都是集群生活的，通常由一头最强壮的雄性作为领袖。它要不断接受其他雄性的挑战，一旦败下阵来，就要离开族群。山魈的族群也是这样，雄性山魈们会在战斗时露出锋利的獠牙，威慑对手。

丛林里的王者

虎，脊索动物门，哺乳纲，食肉目，猫科

我们去动物园时，一定想要见一见老虎。你知道吗？地球上仍然生活着的老虎，仅剩下西伯利亚虎（即东北虎）、华南虎、印支虎、马来亚虎、苏门答腊虎和孟加拉虎这六个亚种了。在我国境内，目前也只有东北虎在野外较多了。

这些在丛林中鲜有天敌的大型猫科动物，如今大多活跃在濒危动物保护名录里。人们对老虎的猎杀和对其栖息地的破坏，已经让一些种类宣告灭绝，食物链顶端的这位猎手也需要被保护。

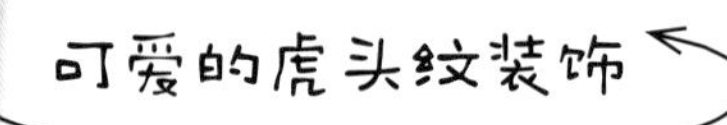

老虎元素也会出现在我们的日常生活中，如可爱的虎头纹装饰的鞋帽。

老虎和猫的共同点

第一点：它们的爪子都能自由伸缩，这个结构是猫科动物特有的。

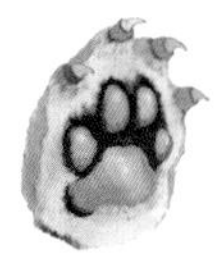

第二点：它们的前爪有五个脚趾，而后爪只有四个趾头。

第三点：雄性都会通过分泌尿液或是留下身体气味，来标记领地。

第四点：它们的舌头上都长有许多倒刺。猫咪的刺比较柔软，但老虎舌头上的刺很硬。

慵懒的树袋熊

树袋熊，脊索动物门，哺乳纲，双门齿目，树袋熊科

树袋熊，也叫考拉，是一种有袋类的哺乳动物。它们身体圆滚滚的，前肢又尖又长的爪子让它们能够攀爬树木。它们黑乎乎的大鼻子，不仅能够辨别食物，还能通过气味判断伙伴。

树袋熊几乎一整天都在桉树上，以桉树叶为食，看起来悠然自得。你知道吗？其实桉树叶是含有毒素的，不过树袋熊拥有分解桉叶毒素的能力。这样一来，就几乎没有其他动物和它们争夺食物了。

树袋熊为什么叫考拉？

在澳洲原住民的语言中，“考拉”的意思是“不喝水”，树袋熊会从桉树叶中汲取水分，所以很少见到它们饮水。而实际上，当桉树叶无法满足它们的水分需求时，树袋熊也会去寻找水源。

树袋熊真的很懒吗？

树袋熊一天大约要睡20个小时呢。因为睡眠时消耗的能量很低，所以对于食物种类单一的树袋熊来说，睡觉是个储存体力的好办法。

育儿袋在哪里？

刚出生的树袋熊宝宝会在妈妈特殊的育儿袋中发育，树袋熊的育儿袋虽然在腹部，但开口却是朝下的，要仔细观察才能发现哟。

吉祥物犰狳（qiú yú）

犰狳，脊索动物门，哺乳纲，带甲目，犰狳科

犰狳身披硬壳，简直就像“铠甲勇士”一般，它们生活在中美洲和南美洲的森林中。2014 年巴西世界杯足球赛的吉祥物就选择了犰狳的形象。在此之前，人们对它也许有些陌生。光看外形，我们很可能会联想到在我国有分布的穿山甲，但它们之间并没有亲缘关系哟，犰狳真正的“亲戚”其实是大食蚁兽。

大犰狳 （90cm）

犰狳的武器

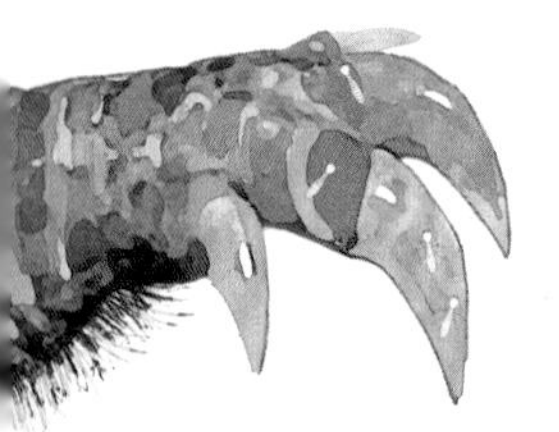

犰狳主要以昆虫为食，它们前肢的爪子长而有力，这样就能伸入虫子躲藏的洞穴里，然后它们会利用又长又黏的舌头把昆虫粘住，吃进嘴里。

三带犰狳 （20~25cm）

倭犰狳 （10cm）

犰狳的保命绝技

“犰狳”这个名字是西班牙语，本意是“身穿盔甲的小东西”。虽然它们身上覆盖着角质甲衣，但由于行动缓慢，在遇到危险时，一般会缩成一团，把身体柔软的腹侧藏在坚硬的“战衣”之下。

大食蚁兽和小食蚁兽

大食蚁兽，脊索动物门，哺乳纲，贫齿目，食蚁兽科

小食蚁兽长大后就是大食蚁兽吗？当然不是！大食蚁兽和小食蚁兽是两种完全不同的动物，因为体形和饮食习惯相近，才获得了很像的名字。

食蚁兽“兽”如其名，它们主要吃蚂蚁和白蚁。大食蚁兽和小食蚁兽都拥有比较长的吻部、细长且带有黏性的舌头和特别尖长的爪子。它们能够利用这三件法宝，从蚁穴中粘取食物。

大食蚁兽

大食蚁兽和小食蚁兽原属于贫齿目动物，字面上看就是“缺乏牙齿”，而同为这类动物的犰狳和树懒实际上多少都有牙齿，只有食蚁兽们是真正没有牙齿的。

小食蚁兽

火眼金睛

大食蚁兽和小食蚁兽身上的毛色都以黑白为主。不过，大食蚁兽的毛发根根分明，看起来就像长长的毛刷，十分粗糙，尾部的毛就像一把蓬松的扫把；而小食蚁兽的毛就短了许多，看起来也比较柔软，黑色的毛看起来好像穿了一件黑色的背心。

食蚁兽宝宝在哪里？

想看看食蚁兽宝宝长什么样子吗？如果你在动物园巧遇了正在照顾幼崽的食蚁兽妈妈，你一定会发现它们都习惯把宝宝背在背上活动。

挖土能手小鼹鼠

鼹鼠，脊索动物门，哺乳纲，劳亚食虫目，鼹鼠科

平日里我们很少能看到鼹鼠，因为它们常年生活在地下的洞穴里，身体圆滚滚的，退化的外耳廓让脑袋也看起来十分平滑。鼹鼠身材小巧，却长着一双“大手”。外翻的前掌加上一排爪子，犹如挖掘机一般，在地下开疆拓土。鼹鼠的地下洞穴就像地下王宫，不仅房间很多，里面的道路也很复杂呢。

裸鼹鼠

有一种鼹鼠很特别，体表几乎没有毛发，它们叫作裸鼹鼠。裸鼹鼠的大门牙是挖掘泥土的工具。

星鼻鼹

白尾鼹

长吻鼹

鼹鼠的前掌就像挖掘机。

鼹鼠喜欢吃什么？

鼹鼠属于劳亚食虫目，主要以昆虫为食，也会吃一些节肢动物、软体动物或小型爬行动物。我国比较常见的缺齿鼹就居住在食物资源丰富的阔叶林中。

鼹鼠怎么感受世界？

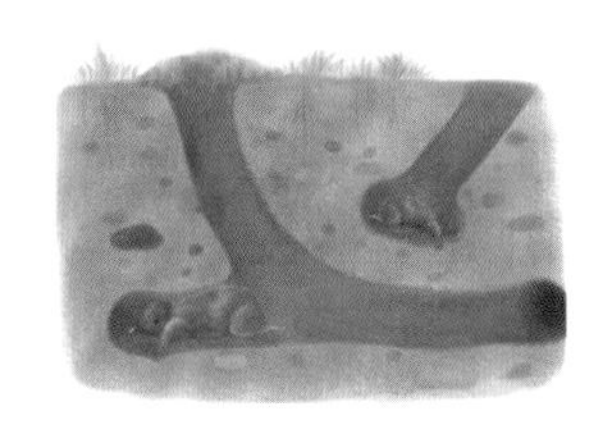

尽管视力和听力不足，鼹鼠们的嗅觉却非常灵敏，对环境中的气味拥有惊人的辨识能力。

会飞的哺乳动物

蝙蝠，脊索动物门，哺乳纲，翼手目

电影中的蝙蝠经常和吸血鬼联系在一起，让人们对这种小动物望而生畏。实际上，大多数蝙蝠都以昆虫为食。它们是世界上唯一能真正飞翔的哺乳动物，每当夜幕降临，即使是在城市中，有时也会出现蝙蝠飞翔的身影。但因为蝙蝠挥动翅膀的声音很轻，发出的叫声包含人耳无法接收的频率，所以我们很少注意到这种动物。让我们一起去探索蝙蝠的秘密吧。

果蝠

大耳菊头蝠

中华鼠耳蝠

吸血蝙蝠

会飞行的动物体温高吗?

蝙蝠的体温可以高达40℃，这是因为像鸟类和蝙蝠这样的飞行高手，需要维持快速运动，就要具备很高的新陈代谢水平，它们的体温也就比其他动物高。

蝙蝠是怎么飞行的呢?

蝙蝠并没有长着羽毛的翅膀，而是利用特化的前肢实现飞行的。它们前肢的指骨细长，撑起了和皮肤一样薄的翼膜。当它们张开五指，翼膜就如同滑翔伞一样展开了。

小小后肢作用大

蝙蝠的前肢如此特殊，后肢却好像派不上什么用场。它们的后肢又短又小，让它们很难灵活地在地面上行走。不过，蝙蝠后肢弯弯的爪子让它们可以倒挂着休息。

箭毒蛙的警告色

箭毒蛙，脊索动物门，两栖纲，无尾目，箭毒蛙科

箭毒蛙是热带雨林中色彩最亮丽的动物之一，你能想到的颜色几乎都能在它们身上找到。不过，要想在雨林中一眼发现它们，也并不容易，因为它们的个头真的很小。最小的箭毒蛙身长大约只有1厘米，和我们的指甲盖差不多大。别看它们个头小，雨林里的很多掠食者，无论是蛇还是蜘蛛，都对它们敬而远之。

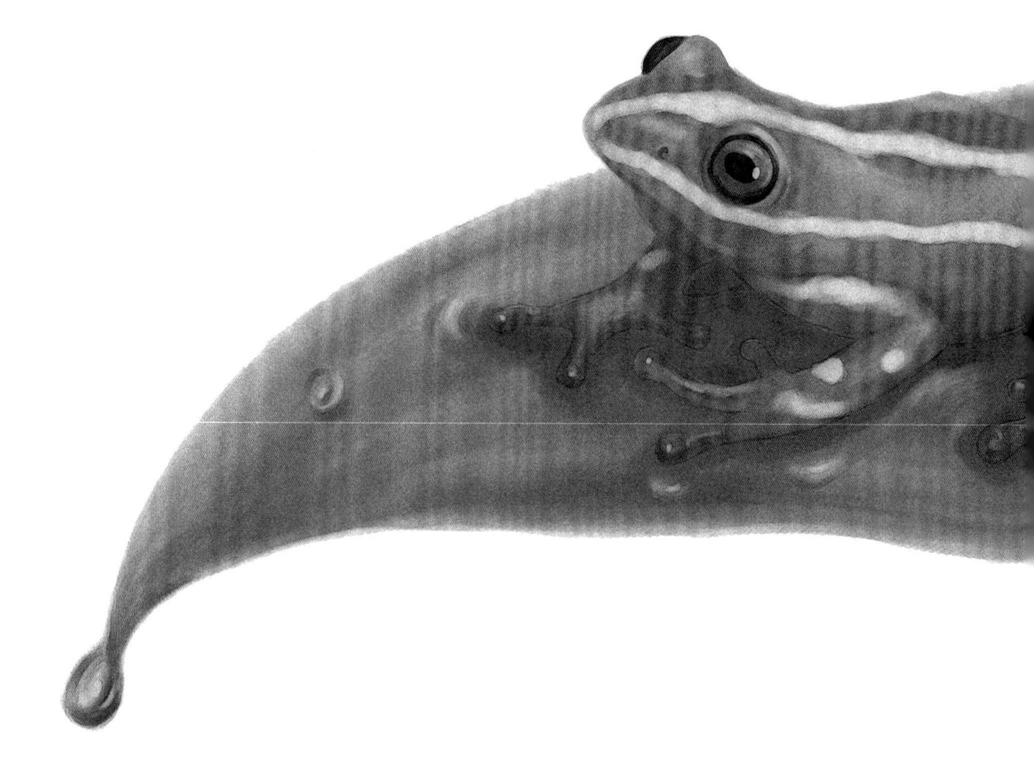

小指垫，作用大

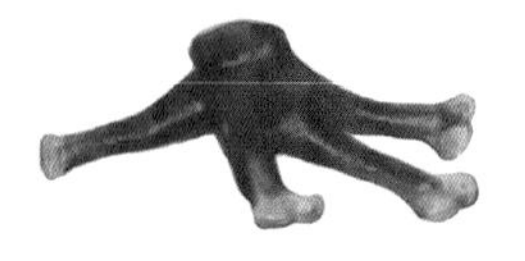

许多蛙类的趾头末端都呈膨大的圆形，这样的小指垫可以帮助它们吸附在叶子上。

箭毒蛙的未来

箭毒蛙对生活环境的要求很高，雨林保持着相对稳定的温度和湿度，因此对它们而言是宜居的家园。但人类的非法宠物交易和对环境的破坏，使箭毒蛙的生存面临严峻挑战。

美丽的色彩要警惕

千万不要小看了这种身材迷你的两栖动物哟，它们身上的美丽色彩其实是一种警告色。箭毒蛙就如它们的名字那样，大多具有很强的毒性，它们的毒液会损伤神经系统。

癞蛤蟆不吃天鹅肉

蟾蜍，脊索动物门，两栖纲，无尾目，蟾蜍科

蟾类和蛙类都属于无尾目的两栖动物，身形非常相像，不过蟾的皮肤表面有很多大大小小的疙瘩，蛙类的皮肤则比较光滑。中华大蟾蜍是最常见的一种蟾，因为身材肥大，又长着许多小疙瘩，被叫作癞蛤蟆，似乎总和“丑陋”脱不了干系。不过一些人类看起来不怎么美观的东西，往往大有用处。

防身秘籍

东方铃蟾背上就长满了小疙瘩，这些疙瘩暗藏毒腺，能够分泌毒液防身。蟾蜍也能分泌毒液，不过它们的毒腺藏在耳部的皮肤中，叫作耳后腺。

没牙齿怎么吃东西？

蟾蜍长着一张大嘴和灵活的长舌头，它们嘴里没有牙齿，也没有能够分解食物的消化酶，因此只能依靠唾液将捕到的昆虫等食物润湿后再整个吞咽下去。

美丽的嫦娥是蟾蜍？

别看蟾蜍其貌不扬，它们和传说中的嫦娥还有关系呢。嫦娥奔月的故事其中有一个版本讲的就是嫦娥被贬入广寒宫后，化身为蟾蜍的模样，月宫也因此常被称作蟾宫。

伪装高手——变色龙

变色龙，脊索动物门，爬行纲，蜥蜴目，避役科

避役就是我们所说的变色龙，它们大多栖息在热带雨林中，能够根据环境的颜色改变自身的肤色，而且变色的速度很快。那么变色龙到底是什么颜色的呢？在通常情况下，它们的皮肤呈现绿色。根据周围的背景色，它们不仅能改变皮肤的色彩，还能模仿出一些纹理效果呢，可以说是动物界的伪装高手。

360°“大眼相机”

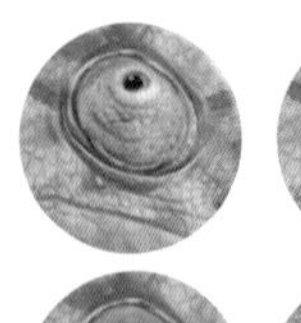
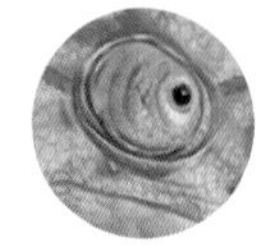
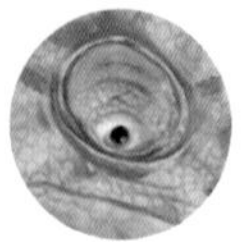
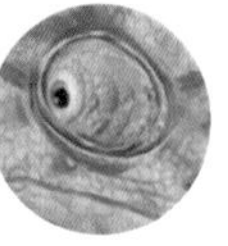

变色龙的眼球很大，就像相机的镜头一样向外突出。它们的眼球可以转动360°观察四周，而且它们的两只眼睛还能够分别转动，不受彼此影响，就像全景摄影机。

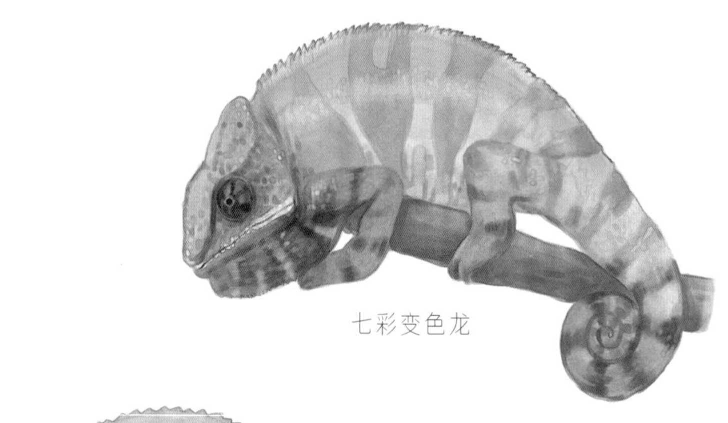
七彩变色龙

杰克森变色龙

国王变色龙

变色龙的舌头有多长？

变色龙的舌头平时卷曲收缩在口腔内，但伸出的时候几乎和它们的身体一样长。当它们发现猎物时，舌头会弹射出来，用黏液粘住猎物并带回嘴里。它们的舌头不仅长，伸缩速度也非常快。

高冠变色龙的变色过程

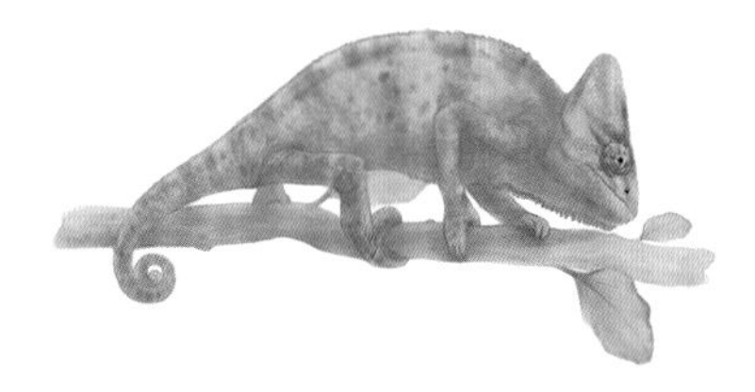

随身带伞的斗篷蜥

斗篷蜥，脊索动物门，爬行纲，有鳞目，飞蜥科

斗篷蜥，也叫伞蜥。它们的脖子周围长着一层皮膜，在遇到威胁时，它们会撑开皮膜，就像张开一把伞一样。有了这把大伞的加持，斗篷蜥看起来体形庞大又凶猛，能够吓退敌人。当然，在它们求偶的时候，也会借助这把大伞展示自己。这层皮膜上有着和体色一致的斑纹，收回脖子两侧之后，仍然能起到保护色的作用。

在斗篷蜥休息的时候，你也许还能见到它们撑开大伞的样子。这是它们在张开皮膜，增加身体吸收和发散热量的面积。

蜥蜴也爱日光浴？

蜥蜴是变温的爬行动物，需要借助外力调节体温。能够准确感知光线、利用阳光，对它们至关重要。在它们要开始活动之前，都会晒晒太阳，提升体温，让行动更敏捷。而蜥蜴对于阳光的敏锐感知，归功于它们的第三只眼睛——顶眼。

你知道吗？

有一种蜥蜴的舌头是蓝色的，它们叫蓝舌蜥，是一种比较温驯的蜥蜴。蓝舌蜥独特的外表吸引了许多爬行动物爱好者，他们将蓝舌蜥当作宠物饲养起来。

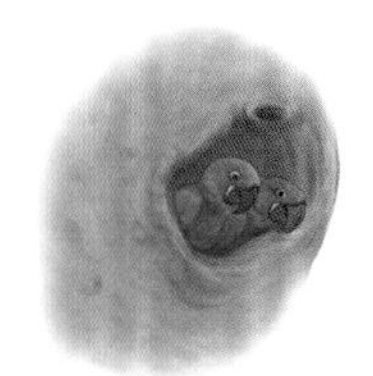

金刚鹦鹉不善言辞

金刚鹦鹉，脊索动物门，鸟纲，鹦形目，鹦鹉科

热带雨林中的动物总是自然界的一抹亮色，金刚鹦鹉就是如此。金刚鹦鹉的种类很多，拥有不同的羽色，最常见的种类有紫蓝金刚鹦鹉、绯红金刚鹦鹉和蓝黄金刚鹦鹉。其中，紫蓝金刚鹦鹉的体形最大。

生活在亚马孙森林中的金刚鹦鹉会在树洞或天然洞穴中筑巢，每天要飞行很远去觅食。尤其到了幼鸟出壳后，鹦鹉父母会轮流长途跋涉为宝宝寻找食物。

擅长攀爬的秘诀

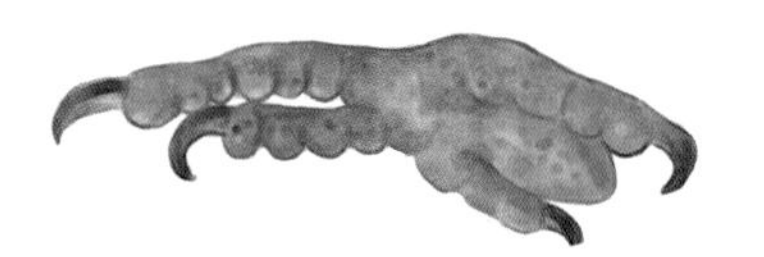

鹦鹉的脚趾肉嘟嘟的，各有4个趾头，其中两根朝前，两根朝后。正是这有力的爪子和平均的前后朝向，才让它们如此擅于攀爬。

金刚鹦鹉会说话吗？

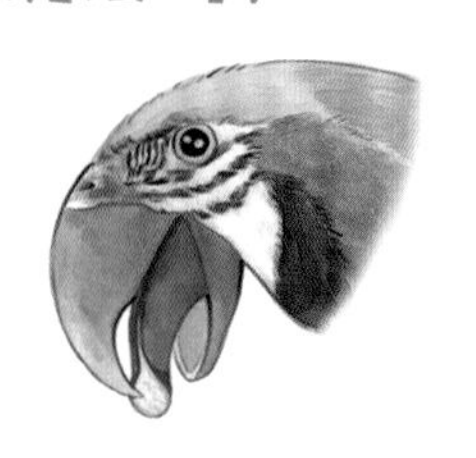

鹦鹉很擅长模仿其他鸟类的声音，甚至是人类的语言，因为鹦鹉的舌头很厚，能够灵活转动，再加上它们强大的发声器官——鸣管，因此能模拟出各种声音。不过，金刚鹦鹉的说话能力相对较差，大都只能说一些简单词汇。

金刚鹦鹉爱吃土？

金刚鹦鹉经常不惜消耗巨大的体能，前往河边的岩壁啄食泥土。这是因为它们的日常食谱主要是各种植物果实，营养成分比较单一，而泥土中含有丰富的矿物质和微量元素，一方面能让它们健康发育，另一方面还能助消化。

巨嘴鸟的嘴巴不重吗？

巨嘴鸟，脊索动物门，鸟纲，䴕（liè）形目，巨嘴鸟科

巨嘴鸟，又叫鵎鵼（tuǒ kōng），生活在热带雨林，是一种十分擅长攀援的鸟。巨嘴鸟那巨大的喙占了身体的三分之一，有些巨嘴鸟的喙看起来甚至和它们的身体差不多长。不同种类的巨嘴鸟除了体色不同，鸟喙的大小和花纹都不同。它们静止不动的时候，身上分明的色彩和夸张的外表真让人以为这是一个假的玩具模型呢。

栗嘴巨嘴鸟

鞭笞巨嘴鸟

厚嘴巨嘴鸟

巨嘴鸟的大嘴不重吗？

把喙的外鞘去掉时的样子。

鸟类大都为飞翔而生，如果这样巨大的鸟喙会影响飞翔的话，它们就不会保留着这个特征了。实际上，巨嘴鸟的大嘴又轻又强韧，边缘还长着波浪状的锯齿，能够牢牢固定住猎物。

巨嘴鸟和啄木鸟是亲戚？

扁嘴山巨嘴鸟

巨嘴鸟所属的䴕形目是一个擅长攀爬并且喙强劲有力的家族。同属于䴕形目的啄木鸟是我们国家分布最广的鸟类之一。巨嘴鸟和啄木鸟有一点十分相似：它们的舌头都是细长的，上面布满倒刺。不过啄木鸟的舌头更长，能够卷曲起来藏在鼻腔内。

鹤鸵不好惹

鹤鸵，脊索动物门，鸟纲，鹤鸵目，鹤鸵科

鹤鸵是一种体形高大的鸟类，它们生活在海拔较低的雨林中，以植物果实为食。这种翅膀已经退化的鸟类，虽然不会飞翔，但在陆地上健步如飞，攻击性很强。在它们生活的大洋洲，还出现过人被鹤鸵攻击而受伤的新闻呢。它们发起攻势的武器就是那双强壮的腿和尖锐的脚爪。

鹤鸵不会飞吗？

在鸟类中，平胸总目的鸟都不会飞，比如非洲鸵鸟和鸸鹋。鹤鸵体形高大，双腿粗壮，它们长有3根脚趾，在林中奔跑、跳跃都不在话下，一旦遇到危险，就跳起来给对手一记“飞踢”。

鹤鸵戴着头盔？

鹤鸵的头颈部是蓝色的，头顶耸起一块角质盔，如同头盔一样能保护它们柔软的头部免遭丛林杂草的划伤。当然，这层坚硬的“头盔”还能充当防御武器，冲撞对手。

超级奶爸

鹤鸵实行一夫一妻制，当鹤鸵妈妈产下翠绿色的卵后，鹤鸵爸爸会独自负责孵化和育雏工作。这时候的鹤鸵更加具有攻击性，所以请不要随便招惹一位认真的奶爸！

世界上最小的鸟

蜂鸟，脊索动物门，鸟纲，蜂鸟目，蜂鸟科

蜂鸟就像鸟界的小蜜蜂，它们振动着双翅发出嗡嗡的声音，悬停在空中吸食花蜜。全世界现有 300 多种蜂鸟，分布在丛林、雨林或是人类的居住环境附近。它们之中有世界上最小的鸟，体重只有1~2克，甚至比有些昆虫还小呢。假如我们把它捧在手里，闭上眼睛，几乎无法感受到它的重量。

蜂鸟虽小，羽毛色彩却很鲜艳，尤其是雄性。

吸蜜蜂鸟

蜂鸟的超高速

扇尾蜂鸟

蜂鸟们能够通过高速扇动翅膀，达到在花朵前悬停的效果。它们振翅的频率平均每秒钟 50 次左右，心跳则可以达到每分钟 500 次，都是人类很难想象的频率呢！

蜂鸟怎么吸食花蜜？

蜂鸟们会将细长的喙伸入花朵中央，反复探出吸管一样的长舌头，大约每秒可以吸食 20 次花蜜。在这个过程中，它们的身体和喙会沾上花粉。当它们飞到另一株花朵上时，就能实现传粉的作用了。

蜂鸟的蛋有多大？

蜂鸟蛋只有 1 厘米左右长，比成年人的大拇指指甲还小呢。蜂鸟的雏鸟是晚成雏，出壳后会由蜂鸟妈妈照顾，直到能够出窝独立。

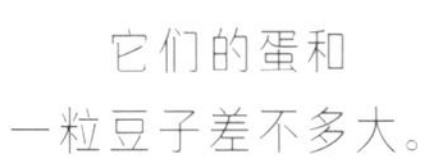

它们的蛋和一粒豆子差不多大。

能屈能伸的西瓜虫

西瓜虫，即鼠妇，节肢动物门，甲壳纲，等足目，潮虫科

有时候我们会在路边见到一种带着灰黑色甲壳的小虫，它没有西瓜的色彩，但受到惊吓后会把自己团成一颗球，身上的体节就像西瓜的竖条纹，看起来就像一个没有颜色的小西瓜。西瓜虫也叫鼠妇，属于节肢动物，但它们可不是昆虫哟。它们喜欢生活在温暖、潮湿的环境里，常常在夜晚出来觅食。植物的根茎、嫩芽和果实都是它们爱吃的。

西瓜虫不会流血？

我们几乎很少见到虫子们流血，这是为什么呢？像西瓜虫这样的节肢动物，体内的血压低，凝血功能也很强。当它们的肢体受到损伤时，不会流出很多血，就算流了一些，也很快能止住。

西瓜虫的头在哪里？

当西瓜虫蜷缩或静止时，身体前后看起来似乎一样。凑近观察，我们可以发现它们的头部长有一对触角，尾部的甲片则比头部的排列得更紧密。

古老的倍足纲动物

马陆，即千足虫，节肢动物门，倍足纲

地球上有一万多种马陆，它们其实是节肢动物门下倍足纲动物的统称。马陆还有一个俗称——“千足虫”，因为它们是节肢动物中拥有最多脚的。马陆的脚少则十几对，最多能达到近两百对呢。不过尽管拥有那么多脚，马陆却是个“慢性子”，行动速度比较缓慢。

白天林间潮湿的土壤下，可能躲藏着正在休息的马陆。

“慢性子”马陆的法宝

马陆的行动速度比较缓慢，在危险来临时，它们不以速度取胜，而是会将长长的身体盘成蚊香状，把脑袋保护起来。

马陆的身体外壁充满坚固的钙质，能够抵挡天敌的猛烈攻势。大多数马陆还长有臭腺，可以分泌毒液，麻痹敌人。

马陆还是蜈蚣？

蜈蚣也是有很多脚的节肢动物，从外观上看，蜈蚣的触角很长，头部的颜色明显比躯干部鲜艳。而马陆的头部和躯干颜色几乎相同。另外，马陆的足藏在身体下面，我们要从侧面看才能观察到。而蜈蚣的足往身体两侧展开，不论从哪个角度，都能轻松看到。

马陆的足

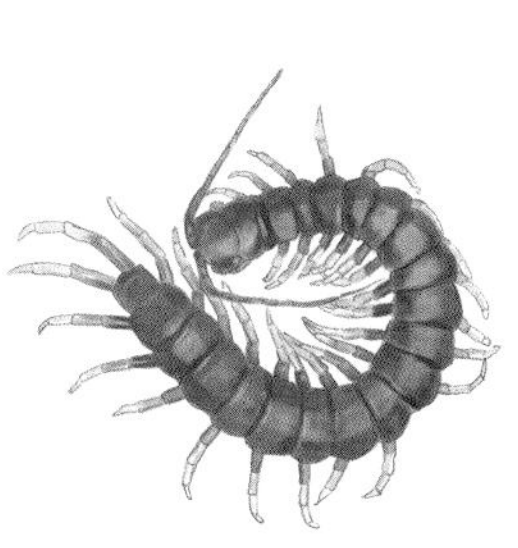

蜈蚣

捕鸟蛛的本领

捕鸟蛛，节肢动物门，蛛形纲，蜘蛛目，狒蛛科

蜘蛛个个是捕猎能手，它们有的会编织具有黏性的网，静静等待猎物落网，比如大腹园蛛。有的则主动出击，游猎生活，比如跳蛛。大多数蜘蛛都以一些小型节肢动物为食，主要是昆虫，而有一类蜘蛛却能捕食鸟类和小型爬行动物，它们就是生活在丛林中的捕鸟蛛。

捕鸟蛛怎么捕鸟？

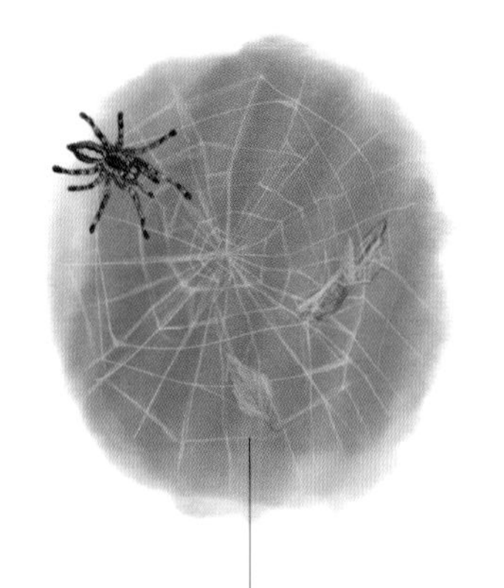

由中央向四周发散的纵向蛛丝是没有黏性的。

捕鸟蛛会先吐丝编织一张半透明的蛛网陷阱，这样一旦有猎物落网，就会被蛛丝上的黏液缠住。捕鸟蛛会迅速赶到猎物身边，将毒素注入猎物体内，麻痹它们。在用餐前，捕鸟蛛还会将消化酶注入猎物体内，使猎物们的内脏变成液体，然后它们就可以大快朵颐啦。

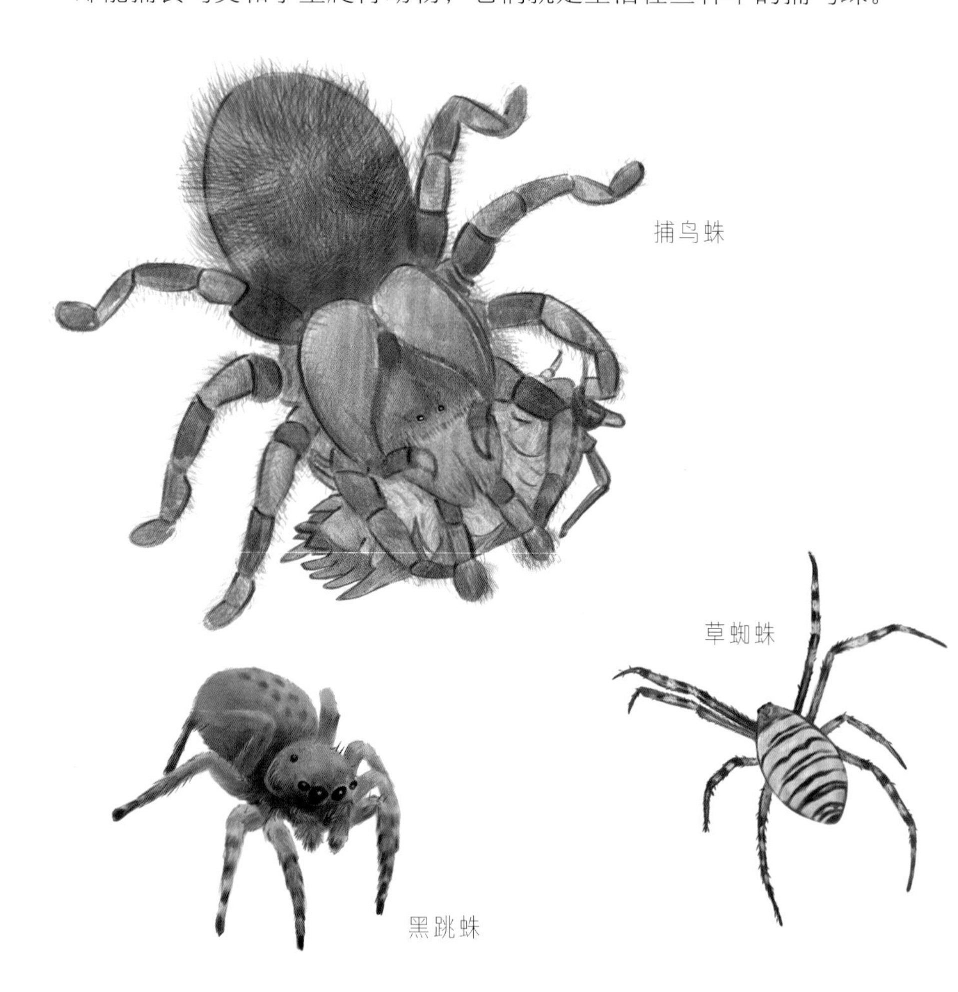

小小绒毛作用大

蜘蛛大多长着四对眼睛，也有的长有三对。不过这些单眼只能感受到光线，无法看清物体。捕鸟蛛身上长着许多绒毛，那可不是可爱的装饰，这些绒毛能够弥补它们视力的不足，感知空气中的震动。它们的脚上也长有一些绒毛，能感受到外界的刺激，代替了味蕾和鼻子的功能。

蝴蝶不结茧

蓝闪蝶，节肢动物门，昆虫纲，鳞翅目，蛱蝶科

春、夏季节，在日光充足的花丛中，我们总能捕捉到蝴蝶的身影。它们飞舞起来不紧不慢，时而寻觅着伴侣，和同伴相互追逐，时而又停在花朵中，采食花蜜和露水。大多数蝴蝶的翅膀都具有美丽的斑纹，甚至有金属的光泽感。蓝闪蝶就是一种拥有美丽翅膀的蛱蝶。它们翅膀上带有粉末状的鳞粉，在光线的作用下，散发出绚丽的蓝色光泽。

蓝闪蝶

猫头鹰环蝶

枯叶蝶

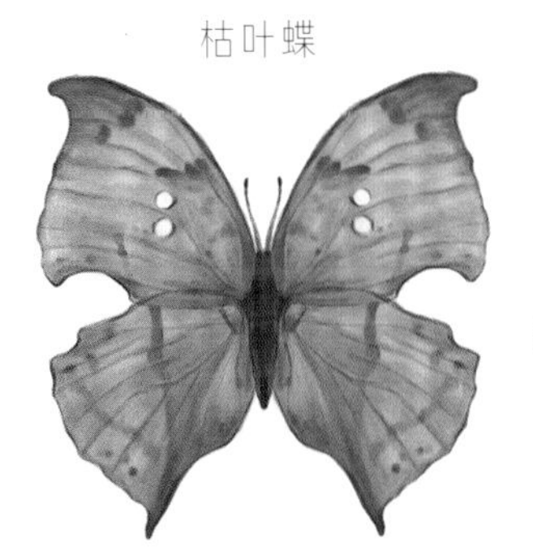

玉带凤蝶

菜粉蝶

蝴蝶有嘴吗？

昆虫的嘴巴叫作口器。当蝴蝶采食的时候，会把本来卷曲的口器伸进花的底部，吸食花蜜。这种口器叫作虹吸式口器，蛾类和蝶类都长有这样的口器。在汲取花蜜的同时，这种细长的嘴并不会损伤花朵哟。

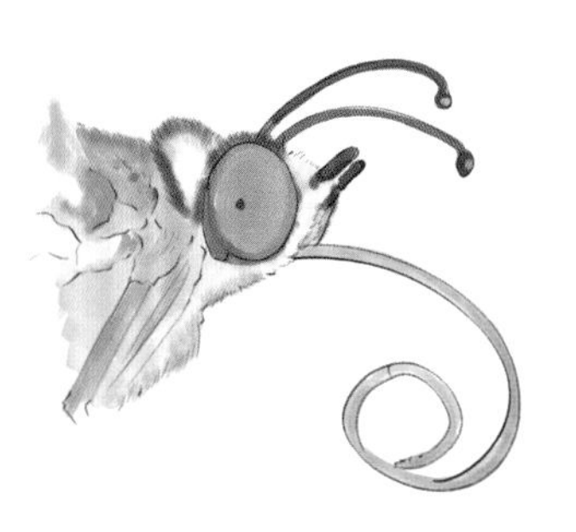

蛱蝶有几条腿？

蛱蝶科的蝴蝶十分特别，它们大多前足已经退化，只有两对足，其他蝴蝶则都有三对足。

化蛹成蝶

我们都知道，蚕宝宝在化蛹前会结一个丝质的茧，而蝴蝶幼虫破卵而出之后，长到一定程度就会直接结蛹。当蓝闪蝶成虫刚从蛹中钻出来的时候，翅膀还十分柔软，悬挂片刻后，翅膀得到充分舒展，也慢慢变硬。这时候，蓝闪蝶终于可以飞起来啦。

出没在寒冷高原

陆地上除了自然资源丰富的雨林，还有常年覆盖冰雪的寒冷苔原、草本植物丰盛的温带草原、变化万千的落叶林等。不同的动物在这里应对着生存挑战，其中有一些还要与人类打交道呢。

在高原上生活的动物们不仅有厚实的皮毛御寒，毛色也都和荒芜的环境相近。这里不仅平均海拔高，温度低，空气也十分稀薄。动物们需要更厉害的呼吸功能，更强健的体魄，才能生存下来。

野牦牛行走在高原

野牦牛，脊索动物门，哺乳纲，偶蹄目，牛科

野牦牛是一种体格强壮又吃苦耐劳的动物，它们是我国的一级保护动物，大多生活在青藏高原，是世界上生活区域海拔最高的牛科动物。为了适应高原的寒冷气候，它们长着非常长的毛发，有些毛发几乎垂到地面，就像一件厚实、柔软的披风。它们的耳朵也比普通牛小，能减少热量散失。

牧民的好帮手

从野牦牛驯化而来的家牦牛是人们高原生活不可或缺的帮手。牦牛群也是高原牧民的财富，它们跟随牧民长途跋涉。强壮的公牛还能帮助牧民背负全部家当呢。

牛群的防卫

野牦牛也过着群体生活，一头成年雄性会带领几十头甚至数百头成员。成年野牦牛身体强壮，猎食者会将目标指向野牦牛宝宝，一旦遇到危险，成年野牦牛会把牛犊围起来，有力的牛角一致对外，让猎食者无法靠近。

牦牛壁画

野牦牛在很久以前就进入了人们的生活，在西藏地区的岩壁中常能发现牦牛图案。藏语中的牦牛音译为“yak”，意思是“像猪叫声的”。

兔狲的呆萌脸

兔狲，脊索动物门，哺乳纲，食肉目，猫科

说起兔狲人们常常会以为它和兔子或猴子有关，其实它可是猫科家族的一员哟。它们浑身毛茸茸的，远看像一团大毛球，然而兔狲的胖可不是真的胖哟，是蓬松的毛发让兔狲的体形看起来好像大了几号。不过正是因为有了这些毛发，它们才能抵御栖息地的严酷环境。

兔狲的两只小耳朵间距很宽，长的位置也很低，看起来就像它们随时要发起进攻一样。

兔狲的冬夏换装秀

兔狲有冬装和夏装两套皮毛“服装”，来适应天气的变化。冬天，它们为了适应冬季萧瑟的自然环境，通常身着厚实的灰色“毛大衣”。到了夏天，它们的部分毛发脱落，仿佛换上更轻便的浅棕色外套。

萌萌的兔狲是顶级“猎手”

虽然看起来很呆萌，兔狲可不是什么温驯的动物。它们以鼠类为食，鸟类和旱獭也在它们的食谱上。虽然这些“食物”都是十分警觉的动物，但猫科动物都是伏击的高手，它们总是先埋伏起来，暗中观察一阵，再突然出击。

“高原精灵”藏羚羊

藏羚羊，脊索动物门，哺乳纲，偶蹄目，牛科

藏羚羊生活在高海拔的草原上，它们的毛色几乎和周围黄棕色的草场环境一样，但脖子和四肢周围接近白色，且脸部前侧毛色深，尤其是雄性藏羚羊，脸看起来黑乎乎的，头顶还长着像竹笋一样一节一节的冲天长角。羚羊角不仅是雄性藏羚羊求偶时炫耀的资本，也让作为羊群领袖的它们在面对敌人时更具有威慑力。

藏羚羊奔跑速度可达每小时70~80千米，像小汽车一样快呢！

唯一的藏羚羊宝宝

雌性藏羚羊并不是高产的妈妈，它们每胎只生产一个宝宝。

藏羚羊的天敌

天生和善的藏羚羊总是成群奔跑在高原草甸上，狼、雪豹、雕等食肉动物都是它们的天敌，但藏羚羊最难逃过的却是人类盗猎者的子弹。拥有厚实皮毛的珍稀动物都是盗猎者的终极目标，藏羚羊就是其中之一。

你知道吗？

动物保护区的工作人员要在平均气温低于0℃的高原上巡查，还要面临环境、盗猎者和猛兽的多重威胁。在他们的努力下，藏羚羊种群的数量逐渐恢复。

一个脚趾的野驴

野驴，脊索动物门，哺乳纲，奇蹄目，马科

在我国境内的许多草原上都生活着野驴，它们的身体大部分为黄褐色，肚皮、四肢的内侧这些朝向地面的部分为白色。你发现了吗？大多数动物的身体都是背部的颜色更深，而肢体内侧总是白色或浅色。这是为什么呢？一方面，深色的背部是很好的隐蔽色；另一方面，总是朝向地面的腹部，会收到地面反射上来的光和热量，而浅色能够更好地隔绝多余的热量。

西藏野驴要面对藏狐的攻击。

脚趾的秘密

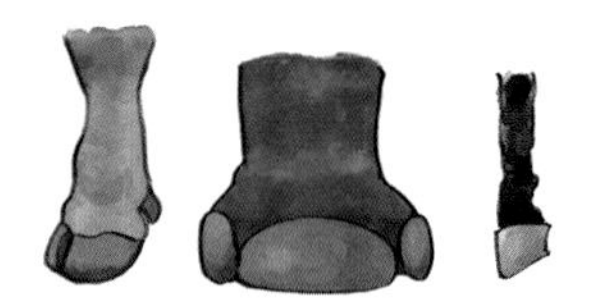

野驴属于奇蹄目动物，它们的脚趾数量为奇数。野驴和马都只有一个趾头，而大多数奇蹄目动物保留有三个趾头。以牛为代表的反刍动物通常是用第三和第四趾同时发力、承重，趾头数量为偶数，就称为偶蹄目。

野驴大不同

西藏野驴主要生活在青藏高原上，是体形最大的一种野驴。它们长有一条从头部贯穿整个脊背的黑色条纹。蒙古野驴在我国内蒙古、甘肃和新疆的高原地区都有分布，体色比西藏野驴浅，是我国的一级保护动物。

白唇鹿的信号

白唇鹿，脊索动物门，哺乳纲，偶蹄目，鹿科

白唇鹿外貌上最显著的特征就是嘴部长着一圈白毛，它们生活在我国的中高海拔林区和草原上，是一种濒危的保护动物。雄性白唇鹿长有巨大的分叉角，显得威风凛凛。不过鹿角虽然漂亮，有时也会给白唇鹿带来不便。这些鹿角每年都会脱落，再长出新的。

雌性白唇鹿没有角。

雄鹿的“战争”

在求偶季节里，雄鹿的鹿角就派上用场啦。一般两头雄鹿仅依靠展示自己的大角，就能分出一轮胜负。即使碰到互相不服气的场面，雄鹿的打斗也只是简单较量，很少出现落败方死亡的情况。

白唇鹿怎么发信号？

处于食物链较底层的食草动物，往往成群结队地生活在一起。它们能够互相照顾宝宝，也能在危机时刻及时发出信号，通知大家避险。鹿身上一般长有多处腺体，当遇到天敌来袭，鹿群之间就会传递带有报警作用的信息素。

雪山之王——雪豹

雪豹，脊索动物门，哺乳纲，食肉目，猫科

雪豹生活在高海拔山地，一身带有斑点的灰白色毛皮不仅能够抵御严寒，还能够让它们完美藏身在岩石中。在猫科动物中，雪豹的尾巴尤其长，有的长达1米。雪豹的主要猎物是攀岩高手岩羊，它们往往会小心翼翼地靠近，扑到岩羊后死死咬住，就算和岩羊一起滚落山坡也不松口。

雪豹的大脚

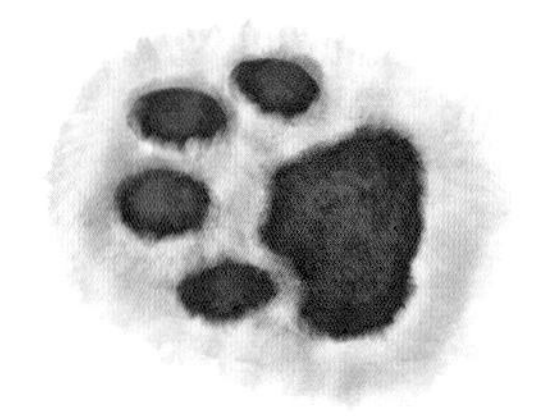

雪豹的四个爪子个个浑圆，爪心像是一个人的鼻子，宽而圆润。雪豹的大脚能够增加受力面积，有利于它们在雪地里行走。

毛茸茸的尾巴作用大

雪豹长长的、毛茸茸的尾巴作用可大呢，当它们从几乎垂直的岩壁上一跃而起时，有力的尾巴能帮它们保持平衡；在它们入睡时，又能够像被子一样，为它们保温。

雪豹经常叼起自己的尾巴，看起来十分可爱。

藏狐的迷离眼神

藏狐，脊索动物门，哺乳纲，食肉目，犬科

说到狐狸，大家脑海中很容易浮现它们纤细的身体和妩媚的小尖脸。不过，生活在高原地区的藏狐却长着一张标准的“国字脸”，还凭借一本正经的淡定眼神，成为了拥有众多粉丝的“网红”动物。和狐狸家族的其他成员相比，它们不仅头部轮廓宽大，眼睛位置也比较高，看起来似乎有点儿像狼。四条小短腿也让它们看起来多了几分憨厚可爱。

沙狐

赤狐

北极狐

大自然的平衡

藏狐的主要食物是高原鼠兔。高原鼠兔是典型的植食性动物，各种植物它们几乎都能吃，再加上它们强大的繁殖能力，对草场造成的破坏力非常惊人。藏狐的存在可以有效控制高原鼠兔的数量，保障草场的生命力。

狐狸尾巴作用大

狐狸属于犬科动物，它们的嘴都比较尖，犬齿和裂齿很发达，擅长奔跑，以肉为食。狐狸还拥有粗大的尾巴，既能保持平衡又能御寒。怪不得人们常用“露出狐狸尾巴”来形容坏事败露呢。

会冬眠的西藏棕熊

西藏棕熊，脊索动物门，哺乳纲，食肉目，熊科

蓬松的毛发，肥硕的身体，大大的脑袋，还有一条短到很难发现的尾巴，熊几乎是被仿制成玩具最多的动物。不同于大多数棕熊单一的体色，生活在高海拔森林里的西藏棕熊身上的毛色是黑褐色，但脸上的毛色却是金黄色的，而且肩部还有一圈浅色毛发，像围着一条围巾一样，看起来十分暖和。不过，除了大熊猫现在以竹为主食之外，其他熊都是性情凶猛的食肉动物。

跟着小熊去春游

西藏棕熊是高原上的“独行侠”，但是熊妈妈会独自抚养宝宝，保护它们远离森林里的其他掠食者。春天到来后，小动物们都出来活动了，棕熊妈妈也会带着小熊到林中玩耍和捕食。

北美灰熊

阿拉斯加棕熊

熊真的爱吃蜂蜜吗？

是的！熊爱吃蜂蜜，也会吃蜂巢中的幼虫和虫卵，这些食物能为它提供热量、矿物质和蛋白质。当冬天到来前，熊需要进食更多高热量的食物，好在体内囤积足够多的脂肪，进入冬眠状态。

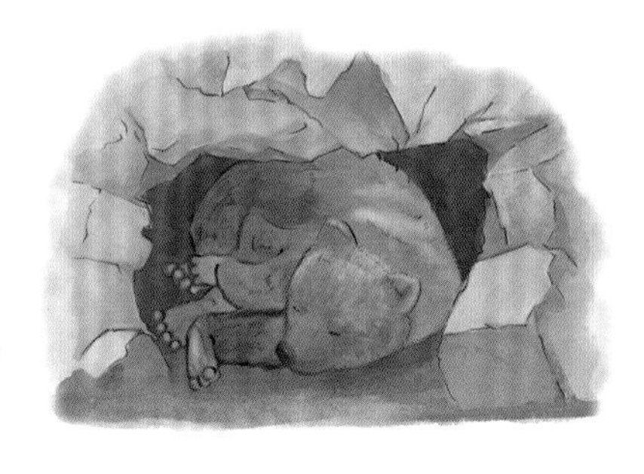

猛禽之王金雕

金雕，脊索动物门，鸟纲，鹰形目，鹰科

在鸟类中，有一群体形较大，长着粗壮的腿和锋利的爪子，喙如弯钩一样的猛禽，它们就是金雕。作为我国的保护动物，金雕不仅称霸天空，在整个食物链中也处于最顶端。金雕在众多的昼行性猛禽中最具有代表性。它强壮而巨大的翅膀，锐利的目光，像匕首一般足以致命的利爪，都显示着它的强壮和威慑力，因而被许多人誉为“猛禽之王”。

猛禽之王的本领

金雕能够捕食的猎物很多。猎物只要进入金雕的视线，就很难逃脱。当它们发现目标后，会从高空俯冲下来，亮出利爪紧紧抓住猎物。只是这一击，就让许多小动物一命呜呼。享用美餐时，它们会用弯钩般的喙撕开猎物的皮毛，大快朵颐。

你知道吗？

金雕夫妇在悬崖峭壁上筑巢。幼鸟长大之后，就会观察父母的飞行技巧，并尝试从高台上起飞。

金雕比人大？

因为鸟总飞翔在高空，我们往往会低估它们的个头。实际上，金雕翼展能够达到2.3米，也就是说，一个成年人也不及展开双翅的金雕大。

兀（wù）鹫真的秃头吗？

高山兀鹫，脊索动物门，鸟纲，鹰形目，鹰科

兀鹫是鹰科的大型猛禽，翼展超过 2 米。它们最大的特点是拥有光秃秃的脑袋，有一些兀鹫的脖子也不长羽毛。这是为什么呢？兀鹫们的食物主要是动物的尸体。当吃着这些带血的美味时，它们的脸和脖子上很容易沾到血。如果它们的脑袋和脖子都长着丰满的羽毛，每吃完一顿，就会变成大花脸啦。因此，大多数兀鹫在演化道路上，变成了“小秃头”。

兀鹫会吃坏肚子吗？

当动物死亡腐败后，会产生大量有毒物质，难道兀鹫们不会吃坏肚子吗？不用担心，它们拥有强大的胃，能够分泌酸性液体，消化任何食物。而且兀鹫们也会主动捕捉小型动物为食。

非洲兀鹫

印度兀鹫

欧亚兀鹫

忠贞的高山兀鹫

高山兀鹫出没在海拔超过6000米的高原地带。这种猛禽十分忠贞，通常结成固定的伴侣。兀鹫夫妇会一起筑巢，轮流孵化鸟蛋，再共同照料兀鹫宝宝。

秃鹫和兀鹫有关系吗？

秃鹫也活动在我国的高山地带，是体形非常大的猛禽，属于鹰科家族，是兀鹫的“亲戚”。鹰科是个大家族，还有许多其他的鸟类。

美丽的臭姑鸪——戴胜

戴胜，脊索动物门，鸟纲，戴胜目，戴胜科

戴胜在野外很好辨认，它们的羽冠和身上的羽毛都有着黑色横条纹。它们会发出短促轻快的“咕咕”声，也总喜欢行走在地面上觅食、晒日光浴。戴胜醒目的羽冠大多时候都紧贴在头顶，不过它们也能像扇子一样撑开，尤其是要警告对手的时候。除了羽冠，它们黑白条纹的翅膀也很漂亮，在飞行时翅膀展开，仿佛一只翩翩起舞的花蝴蝶。

戴胜又尖又长的喙正告诉我们，它是一种吃虫子的鸟。

名字有来头

羽毛上带有醒目的黑白条纹。

戴胜几乎遍布我国境内，古人也同样注意到了这种拥有美丽羽冠的动物，古代女性有一种华丽头饰，名叫“华胜”。人们觉得这种鸟羽冠张开的样子很像头戴华胜的女子，因此给这种鸟起名戴胜。

御敌有妙招

美丽的戴胜有一个让敌人望而却步的妙招。在繁殖期间，戴胜妈妈会在巢中育雏，几乎不出窝，鸟窝积累了鸟宝宝和鸟妈妈的排泄物，臭气熏天。而且鸟妈妈的尾羽会有更刺鼻的气味，因为戴胜尾部有能够分泌油状物的腺体，这些分泌物的臭味能够驱赶不速之客。

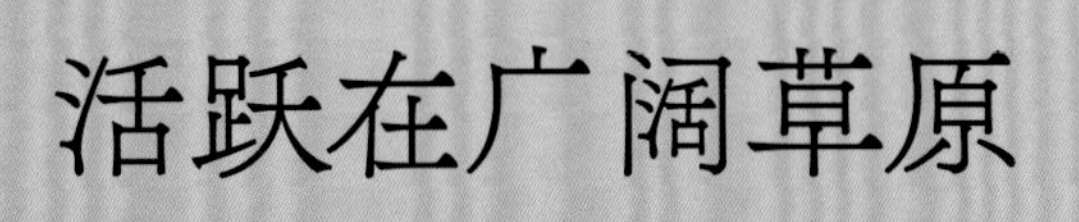

活跃在广阔草原

我们最熟悉的一些动物，比如狮子、大象、长颈鹿和河马，都是热带草原上的居民。这片陆地上的动物种类很多，每天都上演着追逐和竞争场面。食草动物们在用餐时，仍要警惕埋伏在草丛中的狮子，而狮群也在为哺育幼崽烦恼。

动物们还要适应气候的变化，大草原上的雨季和旱季交替，动物们要随季节进行大规模迁徙。每年的5、6月份，东非大草原上就会出现浩浩荡荡的迁徙部队，其中声势最大的非角马莫属。试想一下，当草原上集结着成群的食草动物，以它们为食的捕食者是不是也蠢蠢欲动了呢？

非洲狮的大家庭

非洲狮，脊索动物门，哺乳纲，食肉目，猫科

非洲狮是非洲草原上的王者，与老虎不同，它们喜欢过群体生活，一个狮群中一般都有2~4头雄狮和十几头母狮及狮子宝宝。拥有一头浓密鬃毛的雄狮负责大范围巡视地盘，独自游荡在领地上。而母狮的日常工作就复杂多了，它们会建立起一个“狮子幼儿园”，由几头母狮轮流照看狮群中的狮子宝宝，而另一些母狮则合作围猎草原上的食草动物。

“狮子幼儿园”

母狮是陆地上除了灵长类动物之外，为数不多的能够照看其他个体幼崽的哺乳动物。

非洲狮有天敌吗？

成年的非洲狮没有天敌，不过大草原上依然竞争激烈。它们可能因为追捕猎物时被顶撞或蹬踹而受伤，也可能遭遇食物被抢的情况，在这些冲突中，有时它们也会不幸丧命。

灵活的象鼻

非洲象，脊索动物门，哺乳纲，长鼻目，象科

能自由转动的长鼻子、一对大耳朵、四条粗壮的腿和一对弯弯的长牙，你猜到这是什么动物了吗？没错，是大象！其中，非洲象被认为是陆地上现存体形最大的哺乳动物。刚成年的非洲象身高就能达到4米，身长超过6米，光是那对耳朵的长度就超过1米。非洲象依靠它们的体形优势在草原上悠闲生活，几乎没有其他动物敢招惹这些大家伙。

亚洲象

长鼻子有什么用？

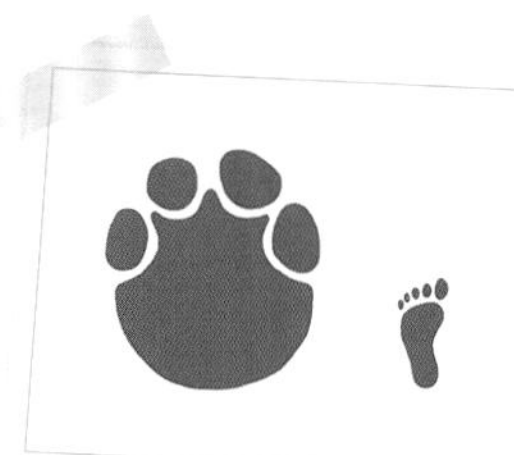

大象的长鼻子由4万多块肌肉构成，不仅可以闻气味、采食树叶、搬运树枝，还能被当作淋浴的喷头。更重要的是，大象的鼻子就像人类的手机，可以通过摆动、触碰和缠绕来传递信息，实现社交功能。

非洲象的前脚掌和人类的左脚。

长颈鹿有高血压

长颈鹿，脊索动物门，哺乳纲，偶蹄目，长颈鹿科

你知道陆地上现存最高的动物是谁吗？猜对了，正是长颈鹿。刚出生的长颈鹿宝宝身高就逼近 2 米。不过，它们和所有哺乳动物一样，都只有 7 块颈椎骨，只是每一块骨头都特别大！长颈鹿性格比较温和，一般在大草原上组成小群体生活。不过，动物之间的战斗在所难免，长颈鹿的战斗方式很特别，它们会敲击脖子或是用长腿猛踢对方。

脖子为什么这么长？

长颈鹿为什么有个长脖子？有一种解释是，长颈鹿生活在稀树草原，那里的树木叶子大多集中在树顶，长颈鹿的长脖子是为了能获取更多食物。

长颈鹿有高血压？

因为个头很高、脖子又长，长颈鹿的心脏要供血到全身就需要非常高的血压。高血压使它们每晚只能睡两三个小时。

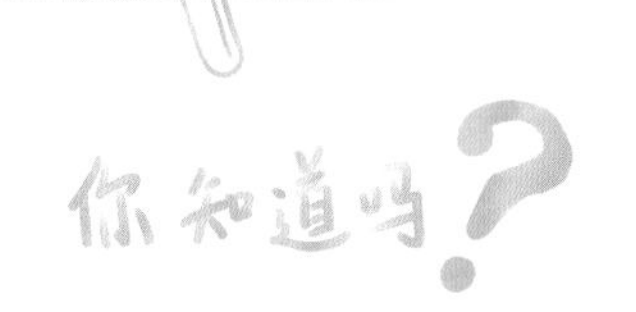

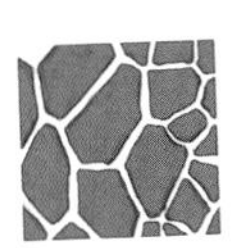
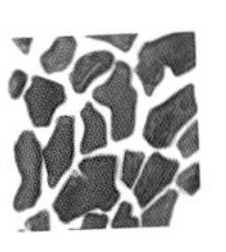

长颈鹿身上斑纹的形状是遗传而来的，不同种类的长颈鹿斑纹也不同呢。

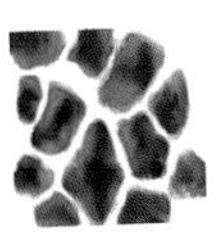
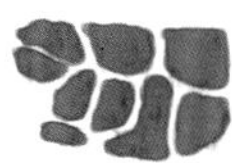

斑马的条纹衣

斑马，脊索动物门，哺乳纲，奇蹄目，马科

斑马其实是平原斑马、细纹斑马和山斑马三种斑马的通称。斑马究竟是黑底白条纹还是白底黑条纹？这或许是关于斑马人们最爱讨论的问题之一。大多数的观点认为它们的底色是黑色，而条纹是白色的。无论如何，我们可以确定的是，世界上没有两匹斑纹完全一致的斑马，就像每个人的指尖都有唯一的一套指纹。

斑马的条纹有什么用？

斑马在天敌来犯时会围成圈，强壮的公斑马组成外圈，其他成员则被保护在圈的中央。斑马身上的黑白条纹会不同程度地反射草原上的光，在它们奔跑时可以混淆视线，不但能让埋伏在远处的捕食者们难以辨认，甚至还能防止蚊虫叮咬呢。

细纹斑马

平原斑马

山斑马

斑驴

斑驴已经灭绝了，但科学家正试图利用克隆技术，让它们“复活”。

斑马线和斑马有关吗？

在道路路口，醒目的斑马线指引着行人，不过斑马线仅仅是因为看起来像斑马条纹才有了这个称呼。实际上斑马线的发明和斑马这种动物并没有关系哟。

机警的草原犬鼠

草原犬鼠，脊索动物门，哺乳纲，啮齿目，松鼠科

你也许对草原犬鼠这个名字感到有些陌生，不过提到土拨鼠，你一定会立马想起那一个个挺直胸脯，警觉地观察着大草原的家伙。草原犬鼠也就是草原土拨鼠。草原犬鼠在夏天和冬天会穿不同的“衣服”，夏天它们的毛很少，到了冬天，它们就会长出厚厚的绒毛来为自己保暖。

草原犬鼠有一条短短的尾巴，在站立的时候能够支撑住胖胖的身子。

古氏土拨鼠

黑尾土拨鼠

小松鼠的“亲戚”

草原犬鼠吃东西的时候，“双手”捏着食物，和它们的“亲戚”松鼠很像。

地下洞穴会不会闷热呢？

草原犬鼠个个是打洞的高手，它们在草原地下修建自己的家。草原犬鼠的洞穴建有多个出入口，出入口的高低各不相同。这样一来，通过出入口的风速不同，地穴内的风就流动了起来，凉爽无比。

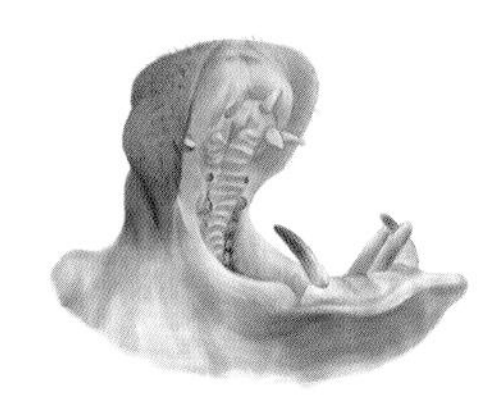

河马很凶猛

河马，脊索动物门，哺乳纲，偶蹄目，河马科

在非洲草原上，生活着许多不好惹的家伙，河马也许是其中最危险的食草动物之一。河马是一种很古老的生物，它们有一张巨大的嘴，生长着粗壮的大獠牙，尤其是下排的门牙，像铲子一样向外伸出。河马的大嘴有多厉害？它能够轻松咬碎整只大西瓜。

河马群体中的领袖是雌性的。

河马的防晒法宝

河马的皮肤能够分泌出特殊物质，不仅能阻隔强烈的日光照射，还能防止蚊虫叮咬呢。由于这层保护膜是红色的，所以河马体表也呈现出灰色和粉色过渡的颜色。

河马爱泡澡

河马过着半水栖生活，它们大多数时间都泡在水里，只露出耳朵、眼睛和鼻子。有时候你可能看到河面有小气泡冒上来，但不见河马的身影。那是它们正在潜水呢！河马下潜的时候能够闭起耳朵和鼻子，防止呛水，是不是很厉害呢？

大鸨（bǎo）的姿态

大鸨，脊索动物门，鸟纲，鸨形目，鸨科

离开热带草原，还有许多动物以温带草原、荒漠或农耕地为家。野外数量不断下降的珍稀鸟类大鸨就生活在这些地方。大鸨是一种很机警的鸟，所以我们很难靠近它们。它们的体形比较大，在起飞前，需要先助跑一段。像大天鹅、信天翁这类大型鸟，都会借助小跑起飞，甚至能表演一段“水上漂”。大鸨是我国一级保护动物，珍稀程度可与大熊猫媲美。

成年的雄性大鸨翼展能够达到1.5~2米。

雄鸟雌鸟大不同

雌鸟　雄鸟

雌性大鸨的体重几乎只有雄性的一半，而且雌鸟的喉部也没有“胡子”。进入繁殖期之后，雄鸟和雌鸟的羽色差异也格外明显。

大鸨的求偶盛装

进入繁殖期后，雄性大鸨的喉咙和脸颊附近会长出白色的纤羽，看起来就像老爷爷的白胡子。当它要摆出求偶的造型时，会展开纤羽，打开尾羽，尽可能地把身上的羽毛全部朝向面前的异性，有时还会一摇一摆地跳起求偶舞呢！

观察笔记：大自然的食物链

记录：

在丛林里生活的动物太多了！虽然丛林是它们共同的家园，但它们之间也免不了相互竞争和厮杀。在自然界中，以其他动物为食的猎手们，叫作捕食者，而被大多数猎食动物捕食的则是被捕食者。

被捕食者有时也会成为捕食者。

回想一下书中出现过的，或者你见到过的丛林动物，你能制作出一条食物链吗？看看我做的吧：

草——野兔——蛇——金雕

农作物——田鼠——猫头鹰

真菌和植物——白蚁——大食蚁兽——美洲狮

观察笔记：动物的生存秘籍

记录：

当我们触碰到一些小甲虫的时候，会发现它们突然身体僵直、一动不动，这其实是甲虫的一种生存秘籍——假死。你还知道哪些有特殊生存策略的动物吗？和朋友们分享这些有趣的知识吧。

我发现的知识：生活在南美洲的负鼠是个“表演大师”。当它们遇到天敌时，会突然倒下装死。不仅如此，躺在地上的负鼠会屏住呼吸，肚皮朝天，微张小嘴，甚至口吐白沫，非常逼真。

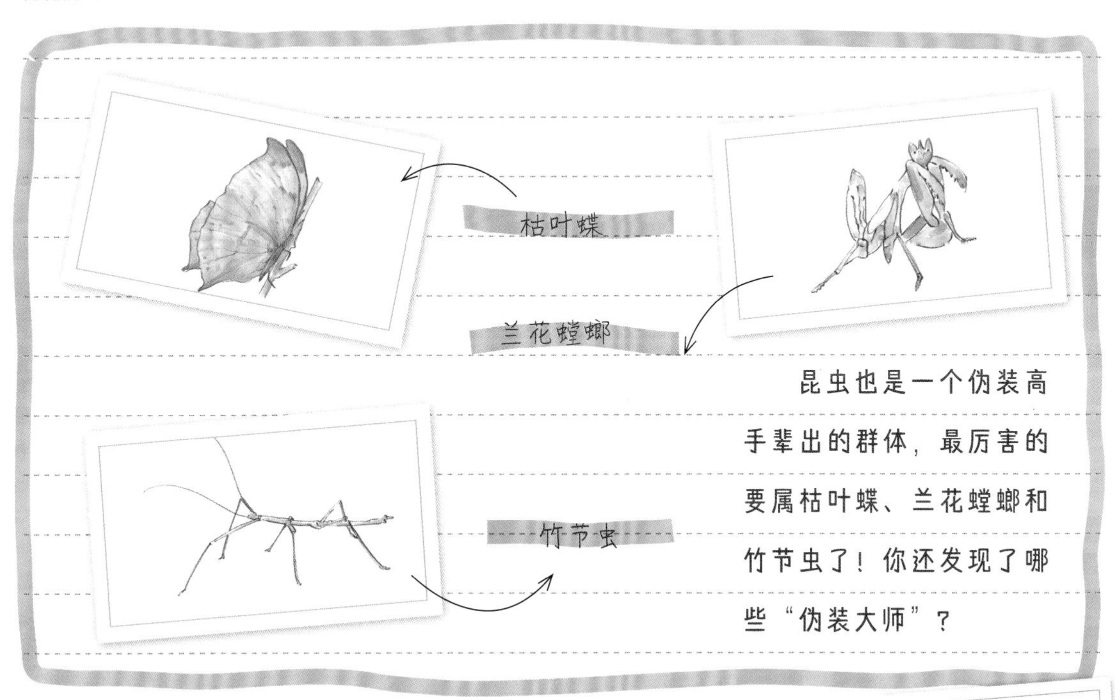

昆虫也是一个伪装高手辈出的群体，最厉害的要属枯叶蝶、兰花螳螂和竹节虫了！你还发现了哪些“伪装大师”？

我发现的“伪装大师”还有身体像一片叶子的叶子虫和翅膀上长着“眼睛”的猫头鹰环蝶。

致谢

《藏在身边的自然博物馆》是原创的科普百科绘本，它的每一个字、每一幅画，都是“纯手工打造”。

两位主编是对科普创作抱有极大热忱的老师，长久以来，他们在各自的岗位上不遗余力地向少年儿童传播科学知识和科学精神。此次能够合作出版这系列体系庞大、知识面广泛的图书，依赖平时经验的积累，他们是希望借此触达更多孩子，启发孩子的科普兴趣，培养孩子的探索精神。

美术指导宋瑶老师带领的北京科技大学插画团队，历时 2 年多，用一笔一画描绘了大自然的鬼斧神工。

两位作者都是资深的童书作者，也是大自然的探秘者、动植物的爱好者。她们用一字一句勾勒了动物和植物的灵魂。

同时，下面这些人在《藏在身边的自然博物馆》的成功启动上起到了关键的作用。他们在科普知识的梳理上及在文字的反复雕琢上，都费尽了心血。他们有的是专门的动、植物研究人员，有的是青少年科普活动的组织者，有的是活跃在基础教育战线的实践者。在此，郑重对他们表示感谢：首都师范大学教师宋傲修，中国科学院植物研究所博士费红红、张娇、吴学学、单章建，中国林业科学研究院硕士肖群瑶，华中农业大学博士李亚军，北京林业大学硕士滕雨欣、学士石安琪。

《藏在身边的自然博物馆》在这样一个优秀团队的努力下，用这种图文并茂的方式呈现给小读者，希望能够激发大家观察自然、探索自然的兴趣，滋养热爱自然、保护自然的情怀。